Autor: Jürgen Schlüsing
Umschlaggestaltung: Hans-Jürgen Hellberg/Jürgen Schlüsing
Cover-Foto: Hans-Jürgen Hellberg

Die Autoren, der Dipl.-Physiker Hans-Jürgen Hellberg und der Bauingenieur Dr. Karl Jürgen Schlüsing haben in ihren Vorlesungen für Studienanfänger des Studienganges Wirtschaftsingenieur immer wieder feststellen müssen, dass die vorhandenen mathematischen Grundlagen nicht ausreichen, um sich die naturwissenschaftlichen Grundlagen gleich zu Beginn des Studiums erfolgreich zu erarbeiten. Aus diesem Grund ist diese Booklet-Reihe für Mathematik und Naturwissenschaften entstanden.

Die Booklets unterscheiden sich von den typischen Lehrbüchern, die vollständige Themenbereiche abdecken und meistens sehr umfangreich sind. Dadurch, dass jedes Booklet für ein einzelnes Thema steht, kann sich der Student gezielt auf das gewünschte Thema konzentrieren, ohne ein umfangreiches Lehrbuch oder verschiedene Bücher durchblättern zu müssen. Die Themen in den Booklets werden jeweils auf 25 bis 50 Seiten abgehandelt und wo erforderlich mit dem Verweis auf andere Booklets versehen. Im Falle der Naturwissenschaften erfolgt der Verweis an gegebener Stelle, auf die ergänzenden Booklets der Mathematikserie. Zudem findet der Student im Anhang weitere Literaturhinweise.

Dieses System ermöglicht dem Studenten, Schwerpunkte zu setzen, das Wissen durch kurze Wiederholungen zu festigen und sich schnell und leichter auf Prüfungen vorzubereiten.

Bibliografische Information der Deutschen Nationalbibliothek:
Die Deutsche Nationalbibliothek verzeichnet diese Publikation
in der Deutschen Nationalbibliografie; detaillierte bibliografische
Daten sind im Internet über dnb.dnb.de abrufbar.

Herstellung und Verlag: BoD – Book on Demand, Norderstedt

ISBN: 978-3-7526-8539-8

1.11.7 Wurzelgleichungen

Lösen von Wurzelgleichungen erfolgt durch Potenzieren => Beseitigung der Wurzeln

=> Erhöhung der Anzahl von Lösungen => Problem von Scheinlösungen => Kontrolle!

a) $x = 3$ $| ( )^2$ => $x^2 = 9$ $| \sqrt{}$ => $x_1 = 3$; $x_2 = -3$ falsch!

Aufgaben <u>Wurzelgleichungen</u>:

b) $\sqrt{x - 1} + \sqrt{2x + 5} - 2 = 0$

c) $\sqrt{60 + 4x} + 2\sqrt{x} = 10$

d) $\sqrt{x - 2016} + \sqrt{y - 56} = 11$; $x + y = 2193$

1.11.8 Gleichungen 2./3. Grades mit 2 Variablen

Solche Gleichungen treffen z.B. bei der Bestimmung von Extremwerten bei

Funktionen mit 2 Variablen auf:

Aufgabe 2 Variablen

$z (x , y) = x^2y^2 (1 - x - y) = x^2y^2 - x^3y^2 - x^2y^3$;

$\frac{\partial f}{\partial x} = 0$; $\frac{df}{dy} = 0$; $\frac{\partial^2 f}{\partial x^2} \neq 0$; $\frac{\partial^2 f}{\partial y^2} \neq 0$

$2y^2x - 3y^2x^2 - 2y^3x = 0$ => $x_1 = 0$; $x_2 =$?

$2x^2y - 2x^3y - 3x^2y^2 = 0$ => $y_1 =$; $y_2 =$?

1.11.9 Gleichungen 3. Grades und höheren Grades mit einer Variablen

Zur Lösung von Gleichungen 3. und höheren Grades greift man zur Bestimmung von Nullstellen auf grafische Verfahren, Linearfaktorzerlegung oder Näherungsverfahren zurück. Zur Bestimmung von Nullstellen über grafische Verfahren wird eine Wertetabelle sowie ein Graph erstellt und daraus die Nullstellen bestimmt.

1.11.9.1 Linearfaktorzerlegung

Bei der Linearfaktorzerlegung vermutet man mindestens eine ganzzahlige Lösung. Der Term ist in möglichst viele Linearfaktoren zu zerlegen (Faktorisierung).

a) direkte Entnahme der Lösungen; Zerlegung des absoluten Gliedes in Primfaktoren und deren Vielfache z.B.:

$(x-2)(x+3) = x^2 + x - 6 = 0$ Absolutes Glied ist 6.

Primfaktoren sind: $(\pm 1), (\pm 2), (\pm 3), (\pm 6)$

Beispiel:

$x^3 + 3x^2 - 13x - 15 = 0$ => 15: $(\pm 1), (\pm 3), (\pm 5), (\pm 15)$

$\Rightarrow$ 1. Nullstelle ist -1. Probe: $-1 + 3 + 13 - 15 = 0$
$x_1 = -1$ => 1. Linearfaktor ist $(x + 1)$.

Bestimmung der weiteren Nullstellen:

$(x^3 + 3x^2 - 13x - 15) : (x + 1) = x^2 + 2x - 15$

$\underline{-(x^3 + x^2)}$

$2x^2 - 13x$

$\underline{-(2x^2 + 2x)}$

$- 15x - 15$

$\underline{-(- 15x - 15)}$

0

$x^2 + 2x - 15 = 0$

$x_{2,3} = -1 \pm \sqrt{1 + 15}$

$x_{2,3} = -1 \pm 4$

$x_2 = 3; x_3 = -5$

$(x + 1) \cdot (x + 5) \cdot (x - 3) = 0$

$= x^3 + 3x^2 - 13x - 15$

Aufgaben Linearfaktorzerlegung:

Finden Sie die Nullstellen folgender Gleichung durch Linearfaktorzerlegung:

$$x^3 + 4x^2 + x - 6 = 0$$

1.11.9.2 Das Horner Schema

Berechnung von Polynomwerten mit Hilfe des Horner Schemas

Beispiel (Polynom 4. Grades):

$$f(x) = a_4x^4 + a_3x^3 + a_2x^2 + a_1x + a_0$$

Idee:

$$f(x) = x(x(x(a_4x + a_3) + a_2) + a_1) + a_0$$

$f(x) = 3x^4 - 2x^3 + 5x^2 - 7x - 12$ an der >Stelle $x_0 = 2$

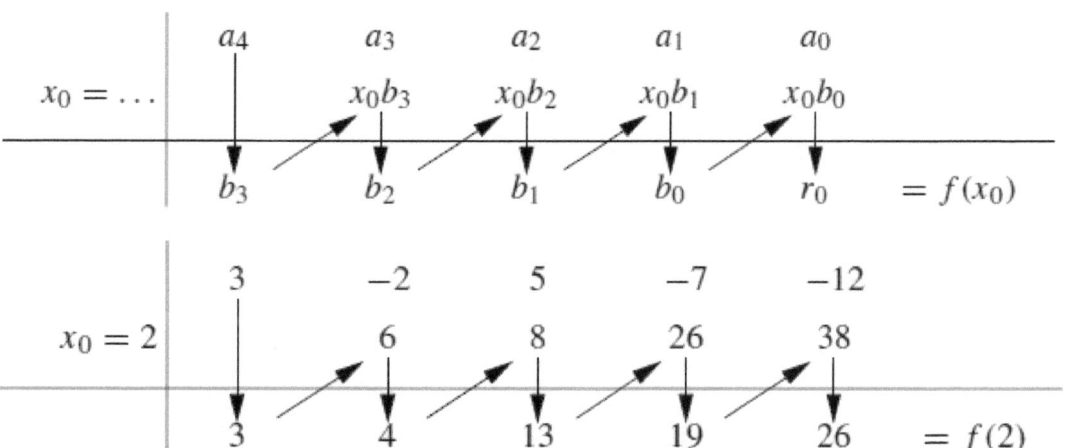

Unter Verwendung des Horner Schemas ist zu zeigen, dass die Polynomfunktion $y = 3x^3 + 18x^2 + 9x = 30$ an der Stelle $x_1 = -5$ eine Nullstelle besitzt.

    a) Wo liegen die übrigen Nullstellen?

    b) Wie lautet die Produktdarstellung der Funktion?

Horner Schema

	3	18	9	- 30
$x_1 = -5$	- 15	- 15	30	
	3	3	- 6	0

Koeffizienten des 1. reduzierten Polynoms $f(-5) = 0$

Die restlichen Nullstellen sind die Nullstellen des 1. reduzierten

Polynoms

$f_1(x) = 3x^2 + 3x - 6 = 0$ $\Rightarrow x^2 + x - 2 = 0$ $\Rightarrow x_2 = 1 ; x_3 = -2$

Produktdarstellung: $y = 3(x + 5) \cdot (x - 1) \cdot (x + 2)$

Aufgabe Hornerschema:

Zerlegen Sie das Polynom $y = -x^4 + 6x^3 - 8x^2 - 6x + 9$ in Linearfaktoren

1.11.10 Exponentialgleichungen

Zum Lösen von Exponentialgleichungen $a^{mx+b} = c$ gibt es 2 exakte
Verfahren:

   a) Exponentenvergleich (Potenzen mit gleicher Basis!)

   b) Logarithmieren
Wenn keine analytische Lösung möglich ist, muss man

Näherungsverfahren nutzen.
 Beispiel:

a) $4^{2x} = 256 = 2^8 = 4^4 \Rightarrow 2x = 4 \Rightarrow x = 2$

b) $a^{2x+3} = a^{13-3x} \Rightarrow$

Exponentenvergleich: $2x+3 = 13 - 3x \Rightarrow 5x = 10 \Rightarrow x = 2$

Aufgaben Exponentialgleichungen:

1) $\sqrt[3]{a^{5x+7}} \cdot \sqrt[4]{a^{3x+10}} = a^2 \cdot a^{\frac{5x}{2}}$

2) $\dfrac{0{,}826}{125} = \dfrac{1{,}4^{3x} \cdot 68^{x-3}}{5^{2x-1}}$

3) $a^{x+1} - b^{2x+1} = b^{2x-1} + a^{x-1}$

4) $2^x + 4 \cdot 2^{-x} - 5 = 0$

1.11.11 Logarithmische Gleichungen

Eine logarithmische Gleichung ist eine Bestimmungs-
gleichung, in der der Logarithmus der Unbekannten bzw.
der Logarithmus eines Terms auftritt, der die Unbekannte
enthält.

Die elementare Lösung einfacher Logarithmusgleichungen
beruht auf der geschickten Anwendung der Rechengesetze
für Logarithmen. Häufig aber können Sie nur grafisch oder
durch Näherungsverfahren gelöst werden.

Beispiel: $x^{3-lgx} = 100 \mid lg \Rightarrow (3-lgx)lgx = lg100 = 2 \Rightarrow lg^2x - 3lgx + 2 = 0$

$(lg\,x)_{1,2} = +\dfrac{3}{2} \pm \sqrt{\left(\dfrac{3}{2}\right)^2 - 2} = +\dfrac{3}{2} \pm \sqrt{\dfrac{9}{4} - \dfrac{8}{4}} = +\dfrac{3}{2} \pm \dfrac{1}{2}$;

$lg\,x_1 = 2$; $x_1 = 100$; $lg\,x_2 = 1$; $x_2 = 10$

$lg\,x_1 = 2 \Rightarrow 100^{3-2} = 100^1 = 100$; $\quad lg\,x_2 = 1 \Rightarrow 10^{3-1} = 10^2 = 100$

Aufgaben Logarithmusgleichungen:

1) $\dfrac{1}{2}lg(x - 3) + lg\dfrac{5}{2} = 1 - lg\sqrt{x + 3}$

2) $lg(x^2+1) = 2lg(3-x)$

3) $2^{3^x} = 3^{4^x}$

1.12 Ungleichungen

Größenvergleich von Zahlen

Bei der Darstellung der Zahlen durch Punkte auf der Zahlengeraden sind diese nach Größe geordnet. Alle Zahlen, die links einer bestimmten Zahl liegen sind kleiner als diese Zahl; alle Zahlen die rechts davon liegen sind größer.

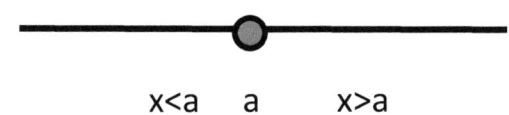

x<a   a   x>a

Der Begriff der Ungleichung Definition:

Zwei Terme, zwischen denen ein Kleinerzeichen (<) oder ein Größerzeichen (>) steht, bilden eine Ungleichung.

Wie bei den Gleichungen unterscheidet man zwei Arten von Ungleichungen:

1) Die beiden Terme enthalten nur Zahlen.

Dann liegen Aussagen vor, die entweder wahr oder falsch sind.

Beispiele:

a) $10 < 11$; $3+2 < 7$; $5 \cdot 12 < 83$ wahre Aussagen
b) $17 < 15$; $12-9 < -2$; $143:11 > 13$ falsche Aussagen

2) Einer der beiden Terme oder beide enthalten eine Variable.

Dann liegen Aussageformen vor, die durch Einsetzungen für die Variable in wahre oder falsche Aussagen übergehen.

Beispiele:

a) $x < 10$ ($x \in N$)
b) $5x < 48 - x$ ($x \in Z$)
c) $x + 5 > 27$ ($x \in Q$)

Rechengesetze für Ungleichungen

Satz 1:

Das Anordnungszeichen einer Ungleichung a < b bleibt erhalten, wenn man auf beiden

Seiten die gleiche Zahl addiert oder subtrahiert.

$$a < b \Leftrightarrow a + c < b + c$$

$$a < b \Leftrightarrow a - c < b - c \qquad (a, b, c \in Q)$$

Satz 2a:

das Anordnungszeichen einer Ungleichung a < b bleibt erhalten, wenn man beide Seiten mit der gleichen positiven Zahl multipliziert.

$$a < b \Rightarrow a \cdot c < b \cdot c \quad (a, b, c \in Q ; c > 0)$$

Satz 2b:

das Anordnungszeichen einer Ungleichung a < b ändert sich,

wenn man beide Seiten mit der gleichen negativen Zahl multipliziert.

$$a < b \Rightarrow a \cdot c > b \cdot c \qquad (a, b, c \in Q ; c < 0)$$

Satz 3a:

das Anordnungszeichen einer Ungleichung a < b bleibt erhalten, wenn man beide Seiten durch die gleiche positive Zahl dividiert.

$$a < b \Rightarrow \frac{a}{c} < \frac{b}{c} \qquad (a, b, c \in Q ; c > 0)$$

Satz 3b:

das Anordnungszeichen einer Ungleichung a < b ändert sich, wenn man beide Seiten durch die gleiche negative Zahl dividiert.

$$a < b \Rightarrow \qquad \frac{a}{c} > \frac{b}{c} \quad (a, b, c \in Q ; c < 0)$$

Das Lösen von Ungleichungen

Definition:

Unter der Lösungsmenge L einer Ungleichung, in der eine Variable vorkommt, versteht man die Menge aller Elemente aus der Grundmenge G, die beim Einsetzen für die Variable wahre Aussagen ergeben.

Beispiele:

a) $x < 5$ $(G = N)$

Hier sind diejenigen Zahlen aus der Grundmenge gesucht, die beim Einsetzen für x wahre Aussagen ergeben. Man erkennt unmittelbar die Lösungsmenge $L = \{1, 2, 3, 4\}$. Alle anderen natürlichen Zahlen ergeben, für x eingesetzt, falsche Aussagen.

b) $11 - x > 5$ $(G = N_0)$

$L = \{0, 1, 2, 3, 4, 5, \}$, wie man durch Einsetzen leicht nachweisen kann.

c) $12\,x < 100$ $(G = Z)$

$L = \{8, 7, 6, 5, 4, 3, 2, 1, 0, -1, -2, -3, ...\}$

d) $x + 7{,}8 < 12$ $(G = Q)$

Die Lösungsmenge besteht aus allen rationalen Zahlen,

die kleiner als 4,2 sind.

Aufgaben Ungleichungen:

a) $x - 5 < 2(x-3)$ $(G = Z)$

b) $2(x - 5) < 5(10 - 2x)$ $(G = Q)$

c) $2x + 8 > 2(x - 7)$ $(G = Q)$

d) $2(x + 2) < 3 + 2(x - 3)$ $(G = Q)$

Bruchgleichungen, in deren Nenner die Variable x auftritt

Multipliziert man beide Seiten einer Ungleichung mit einem variablen Term, so ist zu unterscheiden, ob der variable Term positive oder negative Werte annimmt.

Beispiel:

$$\frac{4}{x-3} > 2 \qquad (G = Q) \text{ Definitionsmenge: } D = Q \setminus \{3\}$$

Wir multiplizieren die Ungleichung mit (x - 3). Dabei sind folgende Fallunterscheidungen

zu treffen:

Fall 1 : $x > 3$, dann ist der Nenner $N = (x - 3) > 0$

$$\frac{4}{x-3} \cdot (x - 3) > 2 \cdot (x - 3)$$

$$4 > 2x - 6$$

$$10 > 2x$$

$$5 > x$$

$$x < 5$$

Fall 2: $x < 3$, dann ist der Nenner $N = (x-3) < 0$

$$\frac{4}{x-3} \cdot (x - 3) < 2 \cdot (x - 3)$$

$$4 < 2x - 6$$

$$10 < 2x$$

$5 < x$ In diesem Fall gibt es keine Zahl x (x $\in$ D), die

sowohl die Bedingung $x < 3$ als auch die Bedingung

$x > 5$ erfüllt. Die Lösungsmenge ist die leere Menge: L = { }.
Als Gesamtlösungsmenge der Ungleichung $\frac{4}{x-3} > 2$
(G = Q) ergibt sich daher:

$$L = L_1 \cup L_2 = \{x \mid 3 < x < 5\} \cup \{\} \quad L = \{x \mid 3 < x < 5\}$$

Aufgabe Bruchgleichungen:

$$\frac{x+3}{x-2} < \frac{x-5}{x-6} \quad (G = Q) \qquad D = Q \setminus (2, 6)$$

1.13 Wichtige Begriffe und Sätze der Geometrie

1. Winkel: Es gibt spitze, stumpfe, überstumpfe, rechter, gestreckte und Vollwinkel.

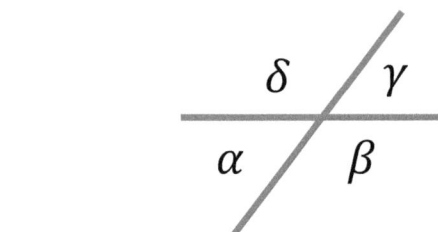

$\alpha + \beta = 180°$ α ist Supplementwinkel zu β und umgekehrt.

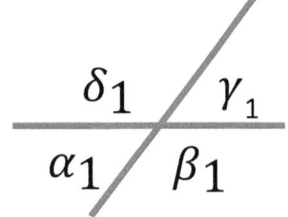

Ergänzen einander 2 Winkel zu 90°, so heißen sie Komplementwinkel.

$$\alpha = 90° - \beta; \quad \beta = 90° - \alpha$$

α und γ sind Scheitelwinkel und sind gleich groß ($\alpha = \gamma$).

γ und γ_1 sind Stufenwinkel und gleich groß ($\gamma = \gamma_1$).

α_1 und γ bzw. δ_1 und β sind Wechselwinkel und gleich groß.

2. Dreiecke:

Es gibt spitz-, recht- und stumpfwinklige Dreiecke, ungleichseitige, gleichschenklige und gleichseitige Dreiecke.

Die Winkelsumme im Dreieck ist 180°. ($\alpha + \beta + \gamma = 180°$). Die Summe der Außenwinkel beträgt 360°.

Der Schnittpunkt der Mittelsenkrechten eines Dreiecks ist gleichzeitig der Mittelpunkt des Umkreises.

Der Schnittpunkt der Winkelhalbierenden eines Dreiecks ist gleichzeitig der Mittelpunkt des Innenkreises.

Die drei Seitenhalbierenden eines Dreiecks schneiden einander in einem Punkt. (Schwerpunkt)

3. Kongruenz und Ähnlichkeit

Geometrische Gebilde, die aufeinander gelegt sich vollständig decken, nennt man kongruent.

Geometrische Gebilde sind dann ähnlich, wenn sie in perspektivisch ähnliche Lage zueinander gebracht werden können.

Strahlensätze:

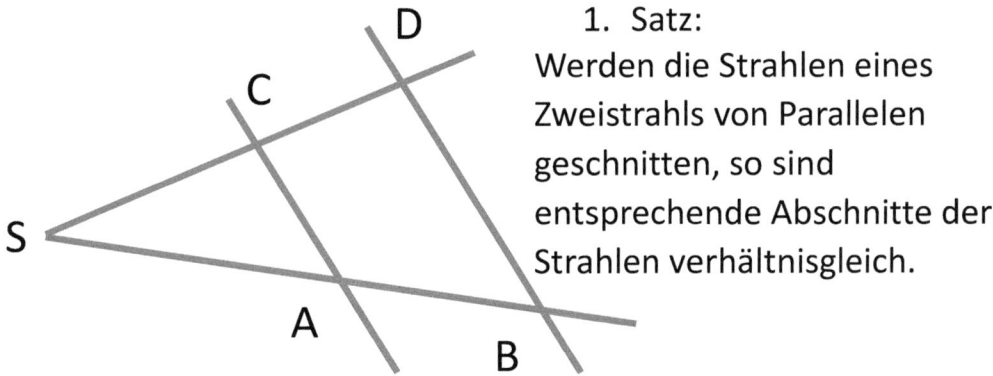

1. Satz:
Werden die Strahlen eines Zweistrahls von Parallelen geschnitten, so sind entsprechende Abschnitte der Strahlen verhältnisgleich.

2. Satz:

Werden die Strahlen eine Zweistrahls von Parallelen geschnitten, so verhalten sich die Abschnitte der Parallelen wie die vom Strahlenausgangspunkt gerechneten entsprechenden Abschnitte eines Strahls.

4. Sätze im rechtwinkligen Dreieck

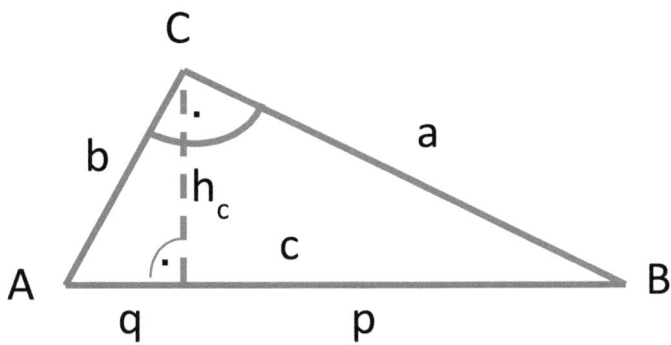

a) Pythagoras: Im rechtwinkligen Dreieck ist das Hypotenusen-quadrat gleich der Summe der Kathetenquadrate.

$$a^2 + b^2 = c^2$$

b) Euklid: Im rechtwinkligen Dreieck ist das Quadrat der Kathete gleich dem Produkt aus der Hypotenuse und dem entsprechenden Hypotenusenabschnitt.

$$a^2 = c \cdot p \text{ und } b^2 = c \cdot q$$

c) Höhensatz: Im rechtwinkligen Dreieck ist das Quadrat über der zur Hypotenuse gehörigen Höhe gleich dem Produkt aus den beiden Hypotenusenabschnitten.

$$h_c = q \cdot p$$

5. Kreis

Begriffe: Kreisausschnitt oder Sektor

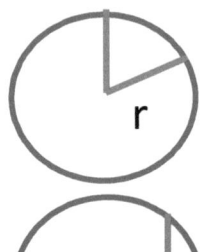

Kreisabschnitt oder Segment

Kreisfläche : πr^2

Kreisumfang : $2\pi r$

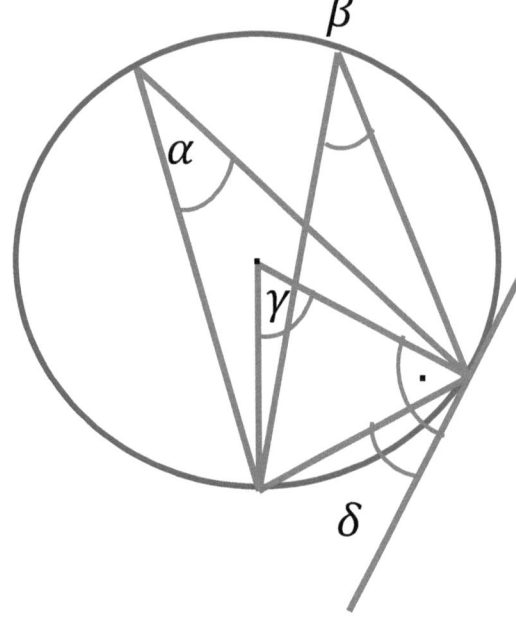

Die Tangente eines Kreises steht senkrecht auf dem Radius am Berührungspunkt.

Alle Umfangwinkel über demselben Bogen sind gleich groß. ($\alpha = \beta$)

Der Umfangwinkel über einem Bogen ist halb so groß wie der Mittelpunktwinkel über demselben Bogen. ($2\alpha = \gamma$)

Der Sehnentangentenwinkel ist halb so groß wie der zur Sehne gehörende Mittelpunktwinkel.

($2\delta = \gamma$; $\alpha = \beta = \delta$)

Aufgabe Geometrie:

Eine Fischdose habe in der Grundfläche die Form eines Rechteckes mit zwei an den Schmalseiten angesetzten Halbkreisen. Sie lässt sich beschreiben durch die Gesamtlänge l, die Breite b, und die Höhe h. Bestimmen Sie die Oberfläche A und das Volumen V der Fischdose in Abhängigkeit der gegebenen Parameter b, l und h (die Blechdicke der Dose sei zu vernachlässigen).

1.14. Ebene Trigonometrie

1.14.1 Bogenmaß

Für die Höhere Mathematik ist das Gradmaß ungeeignet. Man führt daher ein neues Winkelmaß, das sogenannte Bogenmaß, ein. Nach einem Satz aus der Planimetrie, dass in einem Kreis mit dem Radius r der Bogen b dem zugehörigen Winkel proportional ist, ergibt sich die Proportion $2 \pi r : b = 360° : \alpha°$ und hieraus:

$$b = \frac{\pi \cdot r \cdot \alpha°}{180°}$$

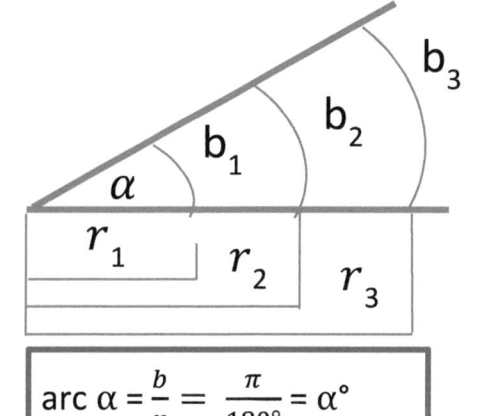

Schlägt man um den Scheitelpunkt eines Winkels α beliebig viele Kreis mit den Radien r_1, r_2, r_3 usw., so erhält man die Bögen:

$$b_1 = \frac{\pi \cdot \alpha°}{180°} \cdot r_1 \; ; b_2 = \frac{\pi \cdot \alpha°}{180°} \cdot r_2 \text{ und die}$$

Beziehung $\frac{\pi \cdot \alpha°}{180°} = \frac{b_1}{r_1} = \frac{b_2}{r_2} = \dots$

$$\boxed{\text{arc } \alpha = \frac{b}{r} = \frac{\pi}{180°} = \alpha°}$$

Das Bogenmaß ist dimensionslos, da es als Verhältnis der Strecken b und r erscheint. 1 rad (Radiant) ist der Winkel, der dem Bogen der Länge 1 auf dem Einheitskreis (Radius = 1) entspricht. I. a. wird die Einheit rad fortgelassen, da die Zahl 1 rad = 1 dimensionslos ist.

Bogenmaß	2π	π	$\frac{\pi}{2}$	$\frac{\pi}{3}$	$\frac{\pi}{4}$	$\frac{\pi}{6}$
Gradmaß	360°	180°	90°	60°	45°	30°

Umrechnung Gradmaß – Bogenmaß : 1 rad = $\frac{180°}{\pi}$ = 57,3° ; 1° = $\frac{\pi}{180°}$ rad = 0,0175 rad

Lösungen

Lösungen Wurzelgleichungen:

b) $\sqrt{x - 1 + \sqrt{2x + 5}} - 2 = 0$

$x - 1 + \sqrt{2x + 5} = 4$

$\sqrt{2x + 5} = 5 - x \quad | \, (\,)^2$

$2x + 5 = 25 - 10x + x^2$

$x^2 - 12x + 20 = 0$

$x_{1,2} = 6 \pm \sqrt{36 - 20} = 6 \pm 4$

$x_1 = 10; \, x_2 = 2$

Probe:

$\sqrt{10 - 1 + \sqrt{2 \cdot 10 + 5}} - 2 \neq 0$

$\sqrt{2 - 1 + \sqrt{2 \cdot 2 + 5}} - 2 = 0$

c) $\sqrt{60 + 4x} + 2\sqrt{x} = 10$

$\sqrt{60 + 4x} = 10 - 2\sqrt{x} \quad | \, (\,)^2$

$60 + 4x = 100 - 40\sqrt{x} + 4x$

$-40 = -40\sqrt{x}$

$x_1 = 1 \quad (x_2 = -1)$

Probe:

$\sqrt{60 + 4} + 2\sqrt{1} = 10$

$8 + 2 = 10$

$10 = 10$

d) $\sqrt{x - 2016} + \sqrt{y - 56} = 11; \qquad x + y = 2193$

$\sqrt{2193 - y - 2016} = 11 - \sqrt{y - 56}$

$\sqrt{177 - y} = 11 - \sqrt{y - 56} \quad | \, (\,)^2$

$$177 - y = 121 - 22\sqrt{y - 56} + (y - 56)$$

$$22\sqrt{y - 56} = 2y - 112 \quad : 2$$

$$11\sqrt{y - 56} = y - 56 \quad ()^2$$

$$121(y - 56) = y^2 - 112y + 56^2$$

$$121y - 6776 = y^2 - 112y + 3136$$

$$y^2 - 233y + 9912 = 0$$

$$y_{1,2} = 116{,}5 \pm \sqrt{116{,}5^2 - 9912} \qquad \text{Gefahr von Scheinlösungen!}$$

$$y_{1,2} = 116{,}5 \pm 60{,}5 \qquad \Rightarrow \text{Probe:}$$

$$y_1 = 177 \Rightarrow x_1 = 2016 \qquad 1)\ 0 + \sqrt{121} = 11$$

$$y_2 = 56 \Rightarrow x_2 = 2137 \qquad 2)\ \sqrt{121} + 0 = 11$$

Lösungen Gleichungen mit 2 Variablen:

$$z(x, y) = x^2 y^2 (1 - x - y) = x^2 y^2 - x^3 y^2 - x^2 y^3 \qquad ; \frac{\partial f}{\partial x} = 0 \ ; \frac{df}{dy} = 0 \ ;$$

$$\frac{\partial^2 f}{\partial x^2} \neq 0 \ ; \frac{\partial^2 f}{\partial y^2} \neq 0$$

$$2y^2 x - 3y^2 x^2 - 2y^3 x = 0 \qquad \Rightarrow x_1 = 0 \ ; x_2 = ?$$

$$2x^2 y - 2x^3 y - 3x^2 y^2 = 0 \qquad \Rightarrow y_1 = 0 \ ; y_2 = ?$$

$$2y^2 x - 3y^2 x^2 - 2y^3 x = 0 \qquad 4 - 6x - 4y = 0 \qquad P_1(0 ; 0)$$

$$2x^2 y - 2x^3 y - 3x^2 y^2 = 0 \qquad -6 + 6x + 9y = 0$$

$$y^2 x(2 - 3x - 2y) = 0 \qquad\qquad\qquad\qquad P_2\left(\tfrac{2}{5} ; \tfrac{2}{5}\right)$$

$$x^2 y(2 - 2x - 3y) = 0 \qquad -2 + 5y = 0 \Rightarrow y_2 = \tfrac{2}{5}$$

$$2 - 3x - 2y = 0 \ | \cdot 2 \qquad 3x = 2 - 2y \Rightarrow x = \tfrac{1}{3}(2 - 2y)$$

$$2 - 2x - 3y = 0 \qquad | \cdot -3 \qquad x_2 = \tfrac{1}{3}\left(2 - \tfrac{4}{5}\right) = \tfrac{2}{5}$$

Lösungen Linearfaktorzerlegung:

Finden Sie die Nullstellen folgender Gleichung durch Linearfaktorzerlegung:

$$x^3 + 4x^2 + x - 6 = 0$$

6 ist das absolute Glied. 6 kann zerlegt werden in:

$$(\pm 1), (\pm 2), (\pm 3), (\pm 6)$$

Durch Probieren erhält man: $x_1 = +1$

$(x^3 + 4x^2 + x - 6) : (x-1) = x^2 + 5x + 6$

$\underline{-(x^3 - x^2)}$

$\quad 5x^2 + x$

$\quad \underline{-(5x^2 - 5x)}$

$\qquad 6x - 6$

$\qquad \underline{-(6x - 6)}$

$\qquad\qquad 0$

$$x_{2,3} = -\frac{5}{2} \pm \sqrt{\frac{25}{4} - \frac{24}{4}}$$

$$x_{2,3} = -\frac{5}{2} \pm \frac{1}{2}$$

$$x_2 = -3$$

$$x_3 = -2$$

$$y = (x-1)(x+3)(x+2) = x^3 + 4x^2 + x - 6$$

Lösungen Hornerschema:

Durch Probieren findet man eine erste Nullstelle bei $x_1 = 1$. Die Abspaltung des zugehörigen Linearfaktors $(x - 1)$ erfolgt über das Horner Schema:

	- 1	6	- 8	- 6	9
$x_1 = 1$		- 1	5	- 3	- 9
	- 1	5	- 3	- 9	0

Koeffizienten des 1. Reduzierten Polynoms $f(1) = 0$

=> $f_1(x) = -x^3 + 5x^2 - 3x - 9$

Eine weitere Nullstelle liegt bei $x_2 = 3$. Wir spalten den zugehörigen Linearfaktor $(x - 3)$ ab.

	- 1	5	- 3	- 9
$x_2 = 3$		- 3	6	9
	- 1	2	3	0

2. reduziertes Polynom: $f_2(x) = -x^2 + 2x + 3$

$x^2 - 2x - 3$ => $x_3 = -1$ und $x_4 = 3$.

Die Produktdarstellung lautet damit:

$y = -1 \cdot (x - 1)(x - 3)(x + 1)(x - 3)$

$\underline{y = -(x-1)(x+1)(x-3)^2}$

Lösungen Exponentialgleichungen:

1) $\sqrt[3]{a^{5x+7}} \cdot \sqrt[4]{a^{3x+10}} = a^2 \cdot a^{\frac{5x}{2}}$

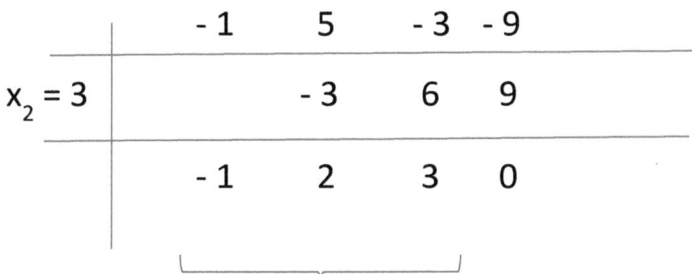

In Potenzschreibweise: $a^{\frac{5x+7}{3}} \cdot a^{\frac{3x+10}{4}} = a^2 \cdot a^{\frac{5x}{2}}$

$a^{\frac{5x+7}{3}+\frac{3x+10}{4}} = a^{2+\frac{5x}{2}}$

$\frac{5x+7}{3} + \frac{3x+10}{4} = 2 + \frac{5x}{2} \quad | \cdot 12$

$= 20x + 28 + 9x + 30 = 24 + 30x$ => $\underline{34 = x}$

2) $\dfrac{0,826}{125} = \dfrac{1,4^{3x} \cdot 68^{x-3}}{5^{2x-1}}$ | lg

$\lg \dfrac{0,826}{125} = \lg \dfrac{1,4^{3x} \cdot 68^{x-3}}{5^{2x-1}}$

$\lg \dfrac{0,826}{125} = \lg 1,4^{3x} + lg68^{x-3} - \lg 5^{2x-1}$

$\lg \dfrac{0,826}{125} = 3x \lg 1,4 + (x-3) \lg 68 - (2x-1) \lg 5$

$\lg \dfrac{0,826}{125} = 3x \lg 1,4 + x \lg 68 - 3 \lg 68 - 2x \lg 5 + \lg 5$

$\lg \dfrac{0,826}{125} = x (3\lg 1,4 + \lg 68 - 2 \lg 5) - 3 \lg 68 + \lg 5$

$\lg \dfrac{0,826}{125} + 3 \lg 68 - \lg 5 = x (3\lg 1,4 + \lg 68 - 2 \lg 5)$

$x = \dfrac{\lg \frac{0,826}{125} + 3 \lg 68 - \lg 5}{(3\lg 1,4 + \lg 68 - 2 \lg 5)} = \dfrac{2,61863}{0,87295} = 3$

3) $a^{x+1} - b^{2x+1} = b^{2x-1} + a^{x-1}$

$a^{x+1} - a^{x-1} = b^{2x-1} + b^{2x+1} => a^{x}(a-a^{-1}) = b^{2x}(b^{-1} + b)$ | lg

$x \lg a + \lg(a-a^{-1}) = 2x \lg b + \lg(b^{-1} + b)$

$=> x \lg a - 2x \lg b = \lg(b^{-1} + b) - \lg(a-a^{-1})$

$x (\lg a - 2\lg b) = \lg(b^{-1} + b) - \lg(a-a^{-1}) =>$

$x = \dfrac{\lg(b^{-1} + b) - \lg(a-a^{-1})}{\lg a - 2\lg b} = \dfrac{lg\frac{b^{-1}+b}{a-a^{-1}}}{lg\frac{a}{b^2}}$

4) $2^x + 4 \cdot 2^{-x} - 5 = 0$

$2^{2x} + 4 - 5 \cdot 2^x = 0$ | Substitution $z = 2^x$

$z^2 - 5z + 4 = 0$

$z_{1,2} = \frac{5}{2} \pm \sqrt{(\frac{5}{2})^2 - \frac{16}{4}} = \frac{5}{2} \pm \sqrt{\frac{9}{4}} = \frac{5}{2} \pm \frac{3}{2}$

$z_1 = 4$; $z_2 = 1$

Rücksubstitution x_1:

$2^{x_1} = 4$ $\quad$ | ln

$x_1 \ln 2 = \ln 4$

$x_1 = \frac{\ln 4}{\ln 2} = 2$

Lösungen Logarithmusgleichungen

1) $\frac{1}{2}\lg(x - 3) + \lg \frac{5}{2} = 1 - \lg\sqrt{x + 3}$

$\lg\sqrt{x - 3} + \lg \frac{5}{2} + \lg\sqrt{x + 3} = 1 \Rightarrow \lg[\sqrt{x - 3} \cdot \sqrt{x + 3} \cdot \frac{5}{2}] = 1$

$[\sqrt{x - 3} \cdot \sqrt{x + 3} \cdot \frac{5}{2}] = 10^1 \Rightarrow \sqrt{x^2 - 9} = \frac{20}{5} = 4$ | $(\ )^2$

$x^2 - 9 = 16 \Rightarrow x^2 = 25 \quad \Rightarrow x_1 = 5$; $x_2 = -5$ (falsch,

Scheinlösung)

2) $\lg(x^2+1) = 2\lg(3-x)$

$\lg(x^2+1) = \lg(3-x)^2$ $\qquad\qquad 1 = 9 - 6x$

$(x^2+1) = (3-x)^2$ $\qquad\qquad\quad 6x = 8$

$x^2 + 1 = 9 - 6x + x^2$ $\qquad\quad x = \frac{8}{6} = \frac{4}{3}$

23

$$2^{3^x} = 3^{4^x} \mid \lg$$

$$3^x \cdot \lg2 = 4^x \cdot \lg3 \mid \lg$$

$$\lg(3^x \cdot \lg2\,) = \lg(4^x \cdot \lg3)$$

$$\lg3^x + \lg(\lg2) = \lg4^x + \lg(\lg3)$$

$$x\lg3 + \lg(\lg2) = x\lg4 + \lg(\lg3)$$

$$x(\lg3 - \lg4) = \lg(\lg3) - \lg(\lg2)$$

$$x\,(\lg 0{,}75) = \lg(\lg3) - \lg(\lg2)$$

$$x = \frac{\lg(\lg3) - \lg(\lg2)}{(\lg 0{,}75)} = \frac{-0{,}321371 + 0{,}521390}{-0{,}124939}$$

$$x = -1{,}6008$$

Lösungen Ungleichungen

a) $x - 5 < 2(x-3)$ (G = Z)

$x - 5 \; < 2x - 6 \mid -2x$

$- x - 5 < - 6 \qquad \mid + 5$

$\quad - x < - 1 \qquad \mid \cdot (- 1)$

$\quad\; x > 1$

$L = \{x \mid x > 1 \wedge x \in Z\}$, $L = \{2, 3, 4, 5,\ldots.\}$

b) $2(x - 5) < 5 (10 - 2x)$ (G = Q)

$2x - 10 < 50 - 10x \mid + 10x$

$12x - 10 < 50 \mid + 10$

$12x < 60 \qquad\qquad \mid : 12$

$x < 5$

$L = \{x \mid x < 5 \wedge x \in Q\}$ Alle rationalen Zahlen kleiner 5

lösen diese Aufgabe.

c) $2x + 8 > 2(x − 7)$ $(G = Q)$

$2x + 8 > 2x − 14$ $\quad | -2x$

$\quad 8 > -14$

Jede rationale Zahl ist Lösung

dieser Ungleichung.

d) $2(x + 2) < 3 + 2(x − 3)$ $\quad (G = Q)$

$2x + 4 < 3 + 2x -6$

$2x + 4 < 2x − 3$

$4 < -3$ falsche Aussage

Diese Ungleichung hat keine Lösung.

$\dfrac{x + 3}{x − 2} < \dfrac{x − 5}{x − 6}$ $(G = Q)$ $\qquad D = Q \setminus (2, 6)$

Lösung Bruchgleichungen

Fall 1: $\qquad x > 6$

Dann ist $N_1 = (x - 2) > 0$ und $N_2 = (x − 6) > 0$

und somit $N_1 \cdot N_2 = (x − 2)(x − 6) > 0$

$\dfrac{x + 3}{x − 2} \cdot (x − 2)(x − 6) < \dfrac{x − 5}{x − 6} \cdot (x − 2)(x − 6)$

$\quad (x + 3)(x − 6) < (x − 5)(x − 2)$

$x^2 + 3x − 6x - 18 < x^2 - 5x - 2x + 10$

$\quad - 3x - 18 < - 7x + 10$

$\quad\quad 4x − 18 < 10$

$\quad\quad\quad 4x < 28 => x < 7$

Aus $x > 6$ und $x < 7$ folgt: $L_1 = \{x \mid 6 < x < 7\}$

Fall 2: $2 < x < 6$

Dann ist $N_1 = (x - 2) > 0$ und $N_2 = (x - 6) < 0$

und das Produkt $N_1 \cdot N_2 = (x - 2)(x - 6) < 0$

$$\frac{x+3}{x-2} \cdot (x-2)(x-6) > \frac{x-5}{x-6} \cdot (x-2)(x-6)$$
$$x > 7$$

Aus $2 < x < 6$ und $x > 7$ folgt: $L_2 = \{\ \}$

Fall 3: $x < 2$

Dann ist $N_1 = (x - 2) < 0$ und $N_2 = (x - 6) < 0$

und das Produkt $N_1 \cdot N_2 = (x - 2)(x - 6) > 0$

$$\frac{x+3}{x-2} \cdot (x-2)(x-6) < \frac{x-5}{x-6} \cdot (x-2)(x-6)$$

$$x < 7$$

Aus $x < 2$ und $x < 7$ folgt: $L_3 = \{x \mid x < 2\}$

Gesamtlösungsmenge: $L = L_1 \cup L_2 \cup L_3$

$$L = \{x \mid 6 < x < 7 \lor x < 2\}$$

Lösung Geometrie

Eine Fischdose habe in der Grundfläche die Form eines Rechteckes mit zwei an den Schmalseiten angesetzten Halbkreisen. Sie lässt sich beschreiben durch die Gesamtlänge l, die Breite b, und die Höhe h.

Bestimmen Sie die Oberfläche A und das Volumen V der Fischdose in Abhängigkeit der gegebenen Parameter b, l und h (die Blechdicke der Dose sei zu vernachlässigen).

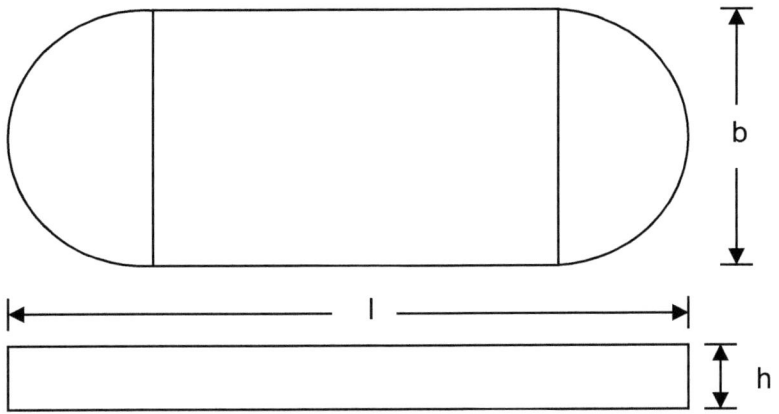

Sei A_D die Oberfläche des Deckels und A_M die Oberfläche des Mantels, dann gilt:

$$A_D = (l - b) \cdot b + \pi \cdot \left(\tfrac{b}{2}\right)^2$$

$$A_M = \left(2 \cdot (l - b) + 2\pi \cdot \tfrac{b}{2}\right) \cdot h$$

$$A_G = 2 \cdot A_D + A_M$$

$$= 2 \cdot \left[(l - b) \cdot b + \pi \cdot \left(\tfrac{b}{2}\right)^2\right] + \left(2 \cdot (l - b) + 2\pi \cdot \tfrac{b}{2}\right) \cdot h$$

$$A_G = 2 \cdot (l - b) \cdot b + 2\pi \tfrac{b^2}{4} + 2(l - b) \cdot h + 2\pi \tfrac{b}{2} \cdot h$$

$$= 2 \cdot (l - b) \cdot (b + h) + \pi \cdot b \cdot \left(\tfrac{b}{2} + h\right)$$

$$V_G = (l - b) \cdot b \cdot h + \pi \cdot \left(\tfrac{b}{2}\right)^2 \cdot h$$

Literaturverzeichnis

Vorlesungsskript Höhere Mathematik (TWL) Detlef Uhlich

Mathematik für Ingenieure und Naturwissenschaftler, Lothar Papula,

Band 1, Vieweg-Verlag

Mathematik für Ingenieure und Naturwissenschaftler, Lothar Papula,

Band 2, Vieweg-Verlag

Mathematik für Ingenieure und Naturwissenschaftler, Lothar Papula,

Klausur- und Übungsaufgaben, Vieweg-Verlag

Mathematische Formelsammlung, Lothar Papula, Vieweg-Verlag

Mathematik für Ingenieure, Lehrbuch, Thomas Rießinger, Springer Vieweg

Mathematik für Ingenieure, Übungsbuch, Thomas Rießinger, Springer Vieweg

3000 solved Problems in Calculus, Elliott Mendelson, Schaum's outlines

Höhere Mathematik kompakt, Lehrbuch, Georg Hoever, Springer Spektrum

Arbeitsbuch Höhere Mathematik, Lehrbuch, Georg Hoever, Springer Spektrum

Physik   Dipl.-Phys. Hans-Jürgen Hellberg Heft 1 bis 4, BoD